时间之旅——
远古内蒙古探险

内蒙古自然博物馆 / 编著

内蒙古人民出版社

图书在版编目（CIP）数据

时间之旅：远古内蒙古探险／内蒙古自然博物馆
编著. — 呼和浩特：内蒙古人民出版社，2024.1
ISBN 978-7-204-17787-5

Ⅰ．①时… Ⅱ．①内… Ⅲ．①探险-内蒙古-远古
Ⅳ．①N82

中国国家版本馆 CIP 数据核字（2023）第 205155 号

时间之旅——远古内蒙古探险

作　　者	内蒙古自然博物馆
策划编辑	贾睿茹
责任编辑	杜慧婧
责任监印	王丽燕
封面设计	袁芷姗
出版发行	内蒙古人民出版社
地　　址	呼和浩特市新城区中山东路 8 号波士名人国际 B 座 5 层
网　　址	http://www.impph.cn
印　　刷	内蒙古爱信达教育印务有限责任公司
开　　本	889mm×1194mm　1/12
印　　张	5
字　　数	70 千
版　　次	2024 年 1 月第 1 版
印　　次	2024 年 1 月第 1 次印刷
书　　号	ISBN 978-7-204-17787-5
定　　价	58.00 元

如发现印装质量问题,请与我社联系。联系电话:(0471)3946120

编 委 会

主　　编：李陟宇　孙炯清

执行主编：刘治平　王志利　张正福

副 主 编：陆睿琦　李虹萱　陈延杰　马飞敏

编　　委：吴政远　鲍　洁　刘　洋　刘亚东　张　蕾

王淑春　清格勒　康　艾　李　榛　王　磊

王　嵋　郝　琦　郜　捷　冯泽洋　孙雨治

高　航　张雪莉　高伟利　徐冰玉　李　杰

王晓敏　包力文　萨楚拉　娜日格乐　张　洁

董　兰　曹　菲　阿斯茹　田雅楠　崔亚男

杨中浩　哈海源　石　宇　张宇航　刘　乐

王姝琼　周　彬　侯佳木　徐鹏懿　安　娜

吕继敏　杜　月　贠锦晨　马姝丽　袁芷姗

乐知探险小队人物介绍

蒙古栎

栎博士

原型：蒙古栎

特点：睿智博学、温和坚韧，乐知探险小队的带队博士，热爱科研，经常带领队员去野外考察。

科学家形象

化石完整度达 95% 代表"完美"

钉状指

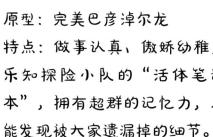

宝哥儿

原型：马鹿

特点：刚毅果敢、成熟稳重，乐知探险小队的 leader（领导者），全队的体力担当，栎博士的得力助手。

健壮

标本编号

淖淖

原型：完美巴彦淖尔龙

特点：做事认真、傲娇幼稚，乐知探险小队的"活体笔记本"，拥有超群的记忆力，总能发现被大家遗漏掉的细节。

博克服

阿布

原型：草原雕

特点：善良勇敢、调皮搞怪，乐知探险小队的创意大王，有着各种奇思妙想，总是语出惊人。

鹰爪锋利

莹莹

色彩丰富

原型：萤石

特点：古灵精怪、善于学习，乐知探险小队的"团宠"，细腻敏感，在经历了众多事情后变得越来越勇敢。

晶型

　　"很久很久以前，有一个温度无限高、密度无限大的'小点'，别看它小小的，却蕴藏着大大的能量，这个'小点'的名字叫作奇点。大约在 130 多亿年前，奇点'嘭'的一下发生了爆炸，藏在里边的宇宙趁机逃了出来……"正当大家听得津津有味的时候，栎博士却神秘地笑了笑，不再继续往下讲。

然后呢，然后呢?

当最后一颗行星被放回原位的时候，海王星突然发出一道强光，大家都被晃得无法睁开眼睛。就在这时，不可思议的事情发生了，他们被带进了一个五彩斑斓的时空隧道……

原来乐知探险小队回到了 130 多亿年前奇点刚刚爆炸的时候。滚滚热浪向他们扑来，还好大家离得比较远，才不至于被烤化。爆炸过后，乐知探险小队看到了许多岩石，这些岩石不断聚集、碰撞，最终形成了恒星和星系，此时的宇宙十分热闹。

当陨石停止撞击，地球逐渐冷却下来以后，海洋出现了。于是，乐知探险小队怀着激动的心情决定要去海洋中玩耍一番。

约38亿年前，地球上最早的生命之一——蓝藻出现了。它很小很小，小到肉眼都看不到。慢慢地，蓝藻越来越多，层层叠叠地聚集在一起。在它们的不懈努力下，地球终于从原本的无氧环境变为有氧环境。

我终于成为改造地球环境的第一功臣！

我不会醉氧了吧？

蓝藻

我们要不要带一些蓝藻回去做科研呀？

阿嚏！

古老的化石，有多古老呀？

我觉得还是不要打扰它们比较好，它们有自己的生存方式。

其实我们可以通过一种古老的化石来了解它们。

在游向海底的途中，栎博士说："雪球事件结束后，出现了许多长相奇特的多细胞生命，有些像圆盘，有些像羽毛，有些像长管，有些还没有我们的手掌大，有些却可以长到1米长。虽然它们没有嘴巴，但却可以像海绵似的通过身体与海水的接触，将营养物质渗透到体内……"说着说着，乐知探险小队已经游到了海底。

这都是什么呀？它们长得也太奇怪了吧！

哇，好美呀！

这就是著名的埃迪卡拉生物群，生活在这一时期的生物体内有很多细胞，要比我们刚刚遇到的蓝藻高级。

大家担心淖淖遇到危险，便快速地向淖淖游去。突然，淖淖停了下来，正在追他的宝哥儿差点把他撞翻。还没等宝哥儿回过神儿来，前方突然一片混乱，海底的泥沙都被搅动了起来……

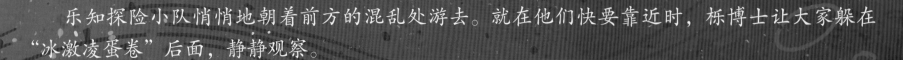

乐知探险小队悄悄地朝着前方的混乱处游去。就在他们快要靠近时，栎博士让大家躲在"冰激凌蛋卷"后面，静静观察。

它走了，大家快出来吧。看来我们来到了云南澄江生物群，帚状奇虾、海口鱼和昆明鱼可都是这一时期的明星物种。

奇虾可是这一时期的海洋霸主，它们精良的装备就是为捕食而生，所以我们千万要小心，不要乱跑！

海洋霸主有什么用，还不是都灭绝了！我们巴特敖包生物群中的海洋霸主可都还活着呢！

海口鱼

我居然见到了奇虾，太酷了！

巴特敖包动物群中的海洋霸主是谁呀？

11

在早期的海洋世界里，海底生物唯一需要小心的就是奇虾这样的猎食者。直到有一天，这些"原始鱼类"为了不再过逃亡生活，给自己配上了坚硬的"盔甲"……

甲胄鱼

初始全颌鱼

有本事来吃我呀！

有颌的感觉真好，真是功夫不负"有心鱼"啊！

救命——

那是初始全颌鱼，它已经长出了颌骨，不仅可以保护自己，还可以主动攻击猎物。随着它们的出现，海洋中的生存竞争越来越激烈。

这些甲胄鱼可真厉害，多亏它们上进，不然我现在就成了"淖淖鱼"了！

你们看那条鱼长得好凶呀，一点也不可爱！

谢谢你救了我。

在泥盆纪这个鱼类时代，有颌鱼大军开始朝着不同的方向进化，鲨鱼和鳐鱼等没有硬质骨骼结构的软骨鱼类和覆盖着厚重"盔甲"的盾皮鱼类也加入其中。其中邓氏鱼不仅有"盔甲"护体，还有着惊人的咬合力，鲨鱼看到它都得躲得远远的，否则小命不保。

邓氏鱼

大侠，请赐我全尸！

裂口鲨

这么说，我们现在吃的草鱼、鲤鱼就是后期演化出来的硬骨鱼呗。它们才是鱼类的正统，演化出了那么多好吃的鱼……

栎博士让阿布详细地介绍一下硬骨鱼，阿布漫不经心地说道："硬骨鱼的骨骼大多比较硬，草鱼和鲤鱼等是硬骨鱼中的辐鳍鱼类，如果没有它们就没有好吃的水煮鱼、松鼠鱼、西湖醋鱼……"阿布的脑海中早已被各种美食填满。

阿布只提到了硬骨鱼中的一支，还有一支就是勇敢的肉鳍鱼类。它们为了逃离水中的竞争，更好地生存，便将目光放到了充满希望和挑战的陆地上。

登陆后，先做 200 个俯卧撑热身！

提塔利克鱼

潘氏鱼

我知道，我知道，其中的代表物种就是那条会做俯卧撑的鱼。要是没有它们的背井离乡，就不会迎来我们的时代！ 5

没错，长期生活在水中的动物若想到陆地上，就需要付出比其他鱼多百倍的努力。它们的骨骼结构和呼吸方式等都要做出改变。可见鱼的一生所有奇迹都来源于努力！

谁能料到我们"走"出的这一小步，却是脊椎动物演化史上的一大步！

你们看那个家伙居然长着1、2、3······8个脚趾。

鱼石螈

棘螈

那些食物看起来好好吃呀，我得加把劲儿！

经过上亿年的努力，以鱼石螈为代表的鱼类和四足动物之间的过渡类群终于登上陆地，它们长出了能够支撑身体的四肢，不过对水的依赖性还是很强。

18

我怎么感觉你们的菜品加起来就是早期植物的"演化盛宴"呢？从早期的藻类植物到苔藓植物再到蕨类植物，其中最重要的一环就是维管束的演化……

我要做一道香辣多彩藻丝。

阿布，你发什么愣呢，大家都走了！

阿布的耳边传来宝哥儿的喊声，原来刚刚的场景都是阿布幻想出来的。他擦了擦口水，赶紧跟上大家的步伐。

虽然棘螈和鱼石螈等原始的两栖类动物已经拥有了四肢，但它们的卵不能离水生存，所以这些原始的两栖类动物不得不返回水中产卵。

要是这样的话，它们岂不是一生都得在水边生活，不能去体会"大漠孤烟直"的壮阔景象了。

巨脉蜻蜓

远古蜈蚣虫

21

所以一些两栖类动物为了它们的诗和远方，不仅四肢变得越来越粗壮，还演化出了可以模拟出水中环境的"神器"——羊膜卵。

这样说来，有了这个"神器"的出现，关于"先有鸡还是先有蛋"的千古谜题，终于有答案了！而且答案……还是我们找到的！

没有鸡哪来的蛋？没看到那边的动物在下蛋吗？

好了，孩子们不要争论了，这可是一道经典难题！

林蜥

这里边好舒服呀！

22

后来其中的一些爬行动物演化成了中生代霸主——恐龙，它们统治地球的时间长达 1.69 亿年。

栎博士摇身变成一棵大栎树，把大家托了起来。小队成员们沉浸在栎博士"变身"的喜悦中，谁也没有感受到危险正在悄然逼近。突然，一只翼龙冲向莹莹，直接衔起她就飞走了。正当大家焦急地不知道该怎么办的时候，一块石头砸在翼龙的翅膀上，受伤的它直接将莹莹扔到了海里……

看到莹莹落水，其他人都奋不顾身地跳进海里，最终在缠绕的海百合中找到了她。就在这时，大家看到一个庞大的身影冲了出来，并用尖尖的嘴咬住了大家面前的多瘤粗菊石，然后快速地将菊石的软体抽出来吞掉，动作之娴熟让人惊叹！吃完之后，那条体长约 10 米的海洋巨兽悠闲地去寻找下一个猎物，连看都没看他们一眼……

天哪！好险呀，那是什么？

那应该是一只梁氏关岭鱼龙，看来我们掉进了史前的贵州海洋。

奇怪，这些爬行动物为了登上陆地不惜"脱胎换骨"，怎么又重新回到了海洋？

海百合

多瘤粗菊石

梁氏关岭鱼龙

正当大家激动地讨论时，他们又遇到了刚刚的那只梁氏关岭鱼龙。它正躲在一块礁石后面，目不转睛地盯着前方的邓氏贵州鱼龙幼崽，显然刚才菊石没能填饱它的肚子。只见它正准备全力地向小家伙冲去，一只邓氏贵州鱼龙突然冲向它，而来不及躲闪的梁氏关岭鱼龙被一下子撞到了礁石上，身负重伤的它只能落荒而逃……

还是保命要紧！

邓氏贵州鱼龙

不好，那只邓氏贵州鱼龙朝我们冲过来了，大家快跑呀！

这应该是小家伙的妈妈吧，它可真厉害。不过，千辛万苦"孵"出来的幼崽要是被吃掉，给谁都接受不了！

休想伤害我的孩子！

是宝哥儿弄错了吗？邓氏贵州鱼龙宝宝真的是被妈妈"孵"出来的吗？

邓氏贵州鱼龙以为乐知探险小队的队员也要伤害它的幼崽，怒气冲冲地向大家游过来。大家顾不上多想，都拼命地向前游，所幸邓氏贵州鱼龙追了一会儿就掉头回去了。待大家上岸后，一个个累得筋疲力尽，直接瘫在岸边睡着了……

肯氏兽？就是那个嘴中没有牙齿的家伙吗？可我怎么记得肯氏兽平时都是群体行动呢？

淖淖你别一惊一乍的……就是只肯氏兽，又不会伤害你。

啊，不要吃我！

我虽丑，却很温柔。

肯氏兽

栎博士处理过肯氏兽的伤口，准备护送它回到家人身边。而阿布的脑海中却一直都是犬颌兽这种凶猛的动物。

听了阿布的话，淖淖认真地思考起来：神、仙二兽和肯氏兽之间究竟有什么差别？为什么听力会差那么多？

还没等他思考明白，耳边传来莹莹兴奋的叫声。

你们看树上那只灵巧柱齿兽正在吸食树汁，下面还有一只善于挖洞的挖掘柱齿兽。它们的牙齿结构比较复杂，可以轻松地处理各种食物。

这么说来，哺乳动物的牙齿结构比较复杂呀！乖，挖掘柱齿兽，给我看看你的牙齿。

灵巧柱齿兽

挖掘柱齿兽

淖淖，小心咬你手！哺乳动物还有很多其他特点，比如皮肤表面长有毛发、体温比较恒定、会通过乳汁来哺育幼崽等，总不能看见一只就让人家张嘴吧！

这些特征几乎无法在化石中看到，古生物学家怎么知道它们是哺乳动物呢，难不成也像我们一样穿越过来？

你们看水里好像有什么东西，不会又是鱼龙吧？

功夫不负有心"兽"，小家伙最终在一棵树上捕到了它的晚餐，而此时的天色也已经暗了下来，大家决定在附近休息。

远古翔兽

正当他们准备离开的时候，一个黑影落在了阿布和栎博士的身边，它以飞快的速度吃掉了正在鸣唱的阿博鸣蟊，然后又消失在夜色中……

要知道在恐龙称霸的时代，"明哲保身"才是硬道理，不然早被恐龙吃光了。

就是那个被称作"侏罗纪母亲"，目前发现的所有有胎盘类哺乳动物中最古老的成员吗？

在哪儿，在哪儿？它跑得也忒快了吧！

孩子们，你们看到那只中华侏罗兽了吗？没想到我们还能在这儿见到它，真是不枉此行！

我想去看看这个神奇的小家伙！

中华侏罗兽的体形大小只有10厘米左右，虽然这时天已经开始亮了，但想要在茂密的森林中找到一个那么小的家伙，实在是太难了。但他们并没有放弃，决定去河边碰碰运气。

原来中华侏罗兽在恐龙时期的生活这么不容易，连乌鸦大小的赫氏近鸟龙都不放过它们！

好险呀。

那边好像有动物的叫声。

赫氏近鸟龙

中华侏罗兽

你知道哺乳动物有什么技能可以帮助它们躲过白垩纪大灭绝吗？ ⑮

不知不觉地，乐知探险小队走到了森林的尽头，大家的眼前突然开阔起来，他们看到了好多和淖淖长得很像的恐龙。调皮的淖淖隐藏在众多恐龙中不出声，看着大家焦急地找他。与此同时，几只二连巨盗龙迈着大长腿从不远处跑来，前面还飞奔着几只似鸟龙，它们的到来打破了这里原本宁静祥和的氛围。

二连巨盗龙

有本事来追我呀！

似鸟龙

它和我长得好像呀！

居然有这么多"淖淖"。哎，淖淖呢？

姜氏巴克龙

淖淖和他的表亲——姜氏巴克龙有很多相似之处，但也有很多不同，大家快找找这个淘气包！16

混乱的环境让淖淖感到很不安，为了保证大家的安全，淖淖请一只查干诺尔龙载大家一程。

告别查干诺尔龙后，大家决定在树荫下休息。刚坐下来，他们看到一只奇怪的恐龙正在他们的头顶上方吃东西，这让大家的心脏又提到了嗓子眼，生怕又遇上一只食肉恐龙。栎博士看到这只恐龙的手指上分别长有三把"镰刀"，他松了一口气。

孩子们，不要担心，它不会吃我们的！

这爪子可是够大的。

千万不要误会它，它的食性虽然到目前为止还没有确定，但古生物学家认为它们是植食或杂食，你们看它现在还在吃叶子呢。

它的"啤酒肚"居然比我爸爸的还大！

休息好之后，大家继续向前走。突然，他们看到前边有一具原角龙的骨架，大家气愤地讨论着谁才是"凶手"。而淖淖的心中早已认定这个"凶手"就是他的"冤家"——奥氏独龙，他想着再遇到奥氏独龙时定要给它"一拇指"瞧瞧！等大家快要走到一个小沙丘的时候，他们听到附近有打斗声。于是，他们悄悄地躲在小沙丘后……

不要欺负它！

原角龙

精美临河盗龙

在阿布的攻击下，精美临河盗龙灰溜溜地逃走了。大家跑到原角龙的身边为它包扎伤口，而莹莹帮助阿布整理凌乱的羽毛。这时，有几根羽毛从阿布的身上飘了下来，莹莹仔细观察了一下这几根羽毛，发现这是精美临河盗龙的羽毛。

精美临河盗龙一时不会再过来，所以栎博士让大家围着原角龙休息一会儿。难得的清静，莹莹拿着手中的羽毛让栎博士讲一讲羽毛的演化过程。

阿布，我想要一根你翅膀上的羽毛！

还要啊？我翅膀上的羽毛都快被你薅秃了！

羽毛曾被认为是鸟类特有的一种结构，但你们也看到了精美临河盗龙的羽毛，它们的羽毛并不适于飞行。

原来飞行之路这么坎坷！

原角龙尾巴上就是原始的羽毛，鹦鹉嘴龙也有！

41

在我国发现的中华龙鸟打破了羽毛是鸟类独有的这一观点。它的全身覆盖着一簇簇的鬃毛状羽毛，其内部呈中空的管状，古生物学家称这种羽毛为"原始羽毛"。

而我们熟知的窃蛋龙家族中的邹氏尾羽龙有两种羽毛形态：一种是身上覆盖着的绒状羽毛，这是羽毛演化的第二阶段；另一种是前肢和尾巴末端演化出对称的羽片和羽轴结构的羽毛。邹氏尾羽龙的羽毛并不是用来飞行的，所以很可能是为了炫耀。

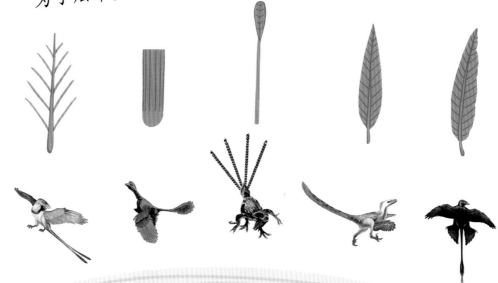

最早征服蓝天的动物是昆虫，它们是唯一一种会飞的无脊椎动物。昆虫在 4 亿年前就已经出现了，比最早会飞行的脊椎动物——翼龙出现的时间至少要早 1 亿多年，鸟类大约在 1.5 亿年前出现，而哺乳动物中最早的探险家——远古翔兽在 1.64 亿年前才冲向蓝天。

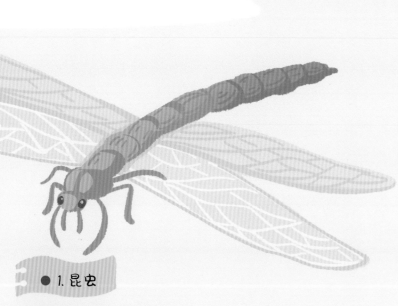

● 2. 爬行类

翼膜主要连接在
后肢之间

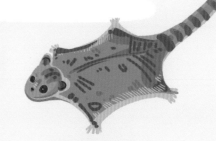

● 7. 哺乳类

四肢之间长有翼膜，和现
代的蜜袋鼯和小飞鼠相似

● 1. 昆虫

翅膀展开可达 75 厘米，
史上最大的飞行昆虫

● 9. 鱼类

又宽又长的胸鳍可以帮
助它们在水面上滑翔

● 3. 爬行类

身体两侧有 8 根肋骨向
外延伸，支撑皮膜

● 振翅飞行 ● 滑翔

1. 巨脉蜻蜓
2. 沙洛维龙
3. 赵氏翔龙
4. 飞蜥
5. 奇翼龙
6. 魏氏准噶尔翼龙
7. 远古翔兽
8. 蝙蝠
9. 飞鱼
10. 太平洋褶鱿鱼
11. 黑蹼树蛙

● 10. 头足类

总是倒着飞行，尾巴上的
大肉鳍可以提供上升力

● 4. 爬行类

身体两侧也有肋骨支撑皮膜，可能是赵氏翔龙的后代

● 5. 爬行类

世界上发现的第一种带有翼膜的恐龙

● 8. 哺乳类

唯一会振翅飞行的哺乳动物

11. 两栖类

张开的蹼足就像滑翔伞似的，可以帮助它们滑翔

● 6. 爬行类

中国第一个命名的翼龙

翼龙依靠极度拉长的第四指支撑翼膜飞行。

蝙蝠依靠极度拉长的第二、第三、第四和第五指支撑皮膜飞行。

鸟类依靠布满羽毛的翅膀飞行，每当翅膀扇动的时候就会产生压力差。

第三指

棒状骨

奇翼龙依靠极度拉长的第三指和腕部细长的棒状骨来支撑翼膜。

44

醒来后，大家发现已经回到了内蒙古自然博物馆的"新生代"展区。

哎哟，好疼呀！

我们都逃回来了，可是没能带那些恐龙一起回来。可恶的小行星，为什么要撞击地球！

太好了！我居然还活着！

或许也不是小行星撞击……

"你们看，在树荫下休息的那只鼻子长得像大锤子的动物就是格氏锤鼻雷兽，别看它们是食草动物，但是脾气特别暴躁；在湖水中玩耍的那几只动物是沙拉木伦卢氏两栖犀，它们就像现代的河马似的，平时会在水中休息，饿的时候才会到岸边吃一些柔软多汁的植物；右边是高大的沙拉木伦始巨犀，它的肩部到地面的高度差不多有2.5米……"栎博士一一向大家介绍。

格氏锤鼻雷兽

沙拉木伦卢氏两栖犀

乌兰戈楚动物群

就在大家认真思考时，画面中的几只通古尔鼩站了起来，三趾马似乎感受到了危险，它们跑得更快了。但那几只通古尔鼩只是为了吸引三趾马的注意力，马群的后边才是通古尔鼩的主力军。通古尔鼩开始疯狂追击，马群四处逃散，几只幼小的三趾马不幸被擒捕。在水边，一只三趾马正悠闲地喝水，好像刚刚发生的事情离它们很远似的。这时，一只萨摩麟也加入其中……

萨摩麟

铲齿象

通古尔动物群

你知道栎博士所说的三处错误是什么吗？⑲

你知道长着三个脚趾的马叫什么吗，长颈鹿的祖先又是谁吗？

50

河套大角鹿

河套人

普氏野马

那边还有水牛、野马和大角鹿呢！那么大的鹿角就像从童话故事中走出来的似的！

这就是神奇的萨拉乌苏动物群，这里曾经生活着至少40多种脊椎动物，而且还生活着早期人类——河套人……

真没想到这个时期有这么多普氏野马，好想把它们都带回去，这样全世界的普氏野马可就不止2000多只了！

萨拉乌苏动物群

纳玛象

王氏水牛

纳玛象的牙可真酷！

那个家伙长得也太奇怪了吧，居然有那么长的牙，也不嫌碍事！

大家激动地和栎博士说："栎博士，我们能不能去看看这些古人类是怎么生活的呀？"栎博士微笑着点了点头，就在这时，大家已经站在了萨拉乌苏河边。

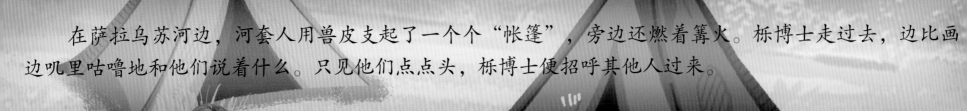

在萨拉乌苏河边，河套人用兽皮支起了一个个"帐篷"，旁边还燃着篝火。栎博士走过去，边比画边叽里咕噜地和他们说着什么。只见他们点点头，栎博士便招呼其他人过来。

怎么说他们也是晚期智人嘛，早已从野蛮迈向文明，而且也已经有了审美观念，懂得制作和佩戴装饰品……

河套人可真聪明，不仅会制作工具，还会运用"战术"集体捕猎。

*&% ￥&@34%#……

这石器打制得可真好，我得好好学习一下！

阿布，他们的衣服可真酷，我们也来做一件吧！

@#$^&%!$#……

天色渐渐暗了下来，大家都围坐在篝火旁，开始分享烤熟的鹿肉，吃完后，他们又将坚硬的骨头砸开，再吸食里面的骨髓，随后又把吃剩的骨头扔进火堆，火焰腾地一下起来了。火星在空中跳跃，驱散了夜晚的寒冷，暖黄色的火光映在大家的脸上，他们高兴地唱着、跳着，一张张笑脸记录着大家对美好未来的期待。